BEI GRIN MACHT SICH IHR WISSEN BEZAHLT

Frank Herzer

Alternative Energiegewinnung an der Küste

GRIN Verlag

Bibliografische Information der Deutschen Nationalbibliothek:

Die Deutsche Bibliothek verzeichnet diese Publikation in der Deutschen National-bibliografie; detaillierte bibliografische Daten sind im Internet über http://dnb.d-nb.de/ abrufbar.

Impressum:

Copyright © 2010 GRIN Verlag GmbH
Druck und Bindung: Books on Demand GmbH, Norderstedt Germany
ISBN: 978-3-640-86933-6

Dieses Buch bei GRIN:

http://www.grin.com/de/e-book/168897/alternative-energiegewinnung-an-der-kueste

GRIN - Your knowledge has value

Der GRIN Verlag publiziert seit 1998 wissenschaftliche Arbeiten von Studenten, Hochschullehrern und anderen Akademikern als eBook und gedrucktes Buch. Die Verlagswebsite www.grin.com ist die ideale Plattform zur Veröffentlichung von Hausarbeiten, Abschlussarbeiten, wissenschaftlichen Aufsätzen, Dissertationen und Fachbüchern.

Besuchen Sie uns im Internet:

http://www.grin.com/

http://www.facebook.com/grincom

http://www.twitter.com/grin_com

Friedrich Schiller Universität Jena

Institut für Geographie

Seminar Norddeutschland

Wintersemester 2010/2011

Hausarbeit zum Thema

Alternative Energiegewinnung

an der Küste

Vorgelegt von

Frank Herzer

Lehramtstudent für Sport (11. Semester), Geografie (7. Semester) an Gymnasien

Abgabedatum: 01.12.2010

Inhaltsverzeichnis

Abbildungen 2

1 Einleitung 3

2 Alternative Energiequellen 4

3 Möglichkeiten der alternativen Energiegewinnung an der Küste 6

   3.1 Wind 6

      3.1.1 Offshore-Windparks 8

   3.2 Wasser 10

      3.2.1 Wellenkraftwerk 10

      3.2.2 Meeresströmungskraftwerk 11

      3.2.3 Gezeitenkraftwerk 13

      3.2.4 Meereswärmekraftwerk 13

      3.2.5 Osmosekraftwerk 14

   3.3 Marine Biomasse 15

4 Schlussbemerkungen 18

Internetquellen 19

Literaturverzeichnis 20

Erklärung 21

Abbildungen

Abb. 1: Erneuerbare Energien: Ihre physikalische Herkunft sowie ihre Umwandlungs-
und Nutzungsmöglichkeiten 5

Abb. 2: Windkarte von Deutschland 7

Abb. 3: Umwelteinflüsse auf einen Offshore-Windpark 8

Abb. 4: Überflutungs- und OWC-Kraftwerke 10

Abb. 5: Darstellung des Meeresströmungskraftwerkes Seagen 12

Abb. 6: Prinzip der Energiegewinnung durch Osmose 14

1 Einleitung

Das Thema der alternativen Energiegewinnung ist derzeit so aktuell wie noch nie. Bisher wurden zum größten Teil konventionelle Quellen zur Energiegewinnung genutzt. Vor allem die fossilen Brennstoffe, wie Kohle, Erdöl und Erdgas werden immer weiter ausgebeutet und das, obwohl sie bald nur noch in begrenztem Maße zur Verfügung stehen. Diese Energiequellen haben außerdem den Nachteil, dass sie bei der Verbrennung umweltschädigende Gase in die Atmosphäre freisetzen. Auch die Energiegewinnung durch Kernkraftwerke ist mit erheblichen Risiken für die Umwelt behaftet.

Alternativen bieten erneuerbare Energiequellen wie Sonne, Wind und Wasser. Sie sind wesentlich umweltfreundlicher als konventionelle Energieträger und regenerieren sich ständig. In den letzten Jahren fand in Deutschland und vielen anderen Ländern ein starker Ausbau der Energiegewinnung durch diese erneuerbaren Quellen statt. Dabei wurden vor allem auf dem Land entsprechende Anlagen, wie zum Beispiel solarthermische Kraftwerke oder Laufwasserkraftwerke, errichtet. Im Gegensatz dazu wurden die Energiequellen an der Küste und im Meer bisher nur wenig genutzt. Doch auch hier steckt jede Menge Potential.

Die vorliegende Arbeit befasst sich damit, welche Möglichkeiten der Energiegewinnung es an der Küste gibt und wie die Umsetzung davon in Deutschland aussieht bzw. aussehen könnte.

Dazu werde ich in einem ersten Punkt auf theoretischer Basis erst einmal klären, was alternative Energiequellen im Genauen sind und wie sie sich von den konventionellen Energieträgern unterscheiden. Des Weiteren möchte ich eine Übersicht aller alternativen Energiequellen vorstellen. In Punkt 3 will ich dann nachprüfen, welche Energiequellen speziell an der Küste genutzt werden können. Die einzelnen Energieformen werden dann kurz erläutert und die technischen Anlagen zur Nutzung in ihrer Funktionsweise beschrieben. Zum Abschluss der Untersuchungen zu den einzelnen Energiequellen möchte ich die gegenwärtige Nutzung solcher Kraftwerke oder Anlagen in Deutschland beleuchten und das Potential, was in den verschiedenen Technologien in Bezug auf die deutschen Küsten steckt, aufzeigen.

Am Ende werde ich meine Ergebnisse in den Schlussbemerkungen noch einmal zusammenfassend darstellen.

2 Alternative Energiequellen

2.1 Was sind alternative Energiequellen?

Um das Potential der Energiegewinnung an der Küste darzustellen, muss man sich erst einmal bewusst machen, was genau alternative Energiequellen sind und wie man sie von fossilen Energieträgern abgrenzen kann.

Fossile Energieträger gehören zu den nicht regenerativen Energiequellen. Die chemische Energie aus Kohle, Erdöl und Erdgas wird genutzt, um Kraftwerke und Verbrennungsmotoren anzutreiben. Die fossilen Energiequellen entstehen, wenn Biomasse (Kleinstlebewesen, Pflanzen, ...) über Jahrmillionen hinweg in tiefer gelegene Erdschichten eingeschlossen und erhöhtem Druck und Temperaturen ausgesetzt sind. (Geitmann, 2005, S. 15) Auch wenn sie letztendlich auf der Einstrahlung der Sonne basieren, stehen sie nach der Verbrennung der Kohlenwasserstoffe nicht mehr zur Verfügung. „Sind diese Rohstoffvorkommen erst einmal ausgebeutet, gibt es [also] keine weitere Möglichkeit zur »Nachlieferung« mehr" (Synwoldt, 2008, S. 15).

Alternative oder erneuerbare Energiequellen basieren zum Großteil ebenfalls, direkt oder indirekt, auf der Energie der Sonne. Trotzdem kann man sie deutlich von den fossilen Energieträgern abgrenzen. Zu den regenerativen Energiesorten zählen Solarstrahlung, Wind, Wasserenergie, die durch Photosynthese entstandene Biomasse und deren Sekundärprodukte. Gravitations- und Wasserkraftwerke sind, obwohl nicht direkt von der Sonnenenergie gespeist, ebenfalls zu den erneuerbaren Energiequellen zu zählen. (Müller & Giber, 2010, S. 2) Gemeinsam ist allen, dass sie sich laufend regenerieren und nach den Zeitmaßstäben des Menschen noch unendlich lange kontinuierlich zur Verfügung stehen. (BMU, 2009, S.134)

Zudem sind alternative Energien eine wesentlich umweltfreundlichere Variante der Energiegewinnung. Staub und Abgase sowie die daraus resultierenden Klimaschwankungen und extremen Witterungsereignisse, existieren hier größtenteils nicht. (Synwoldt, 2008, S. 51)

Die erneuerbaren Energiequellen lassen sich auf verschiedene Art und Weise einteilen. Abbildung 1 zeigt eine Übersicht von Wagner (2008, S.50), welche die physikalische Herkunft und die natürlichen Umwandlungsmöglichkeiten darstellt. Daran angeschlossen sind die dazugehörigen, technischen Anlagen zur Nutzung und die jeweilige Energieform abgebildet.

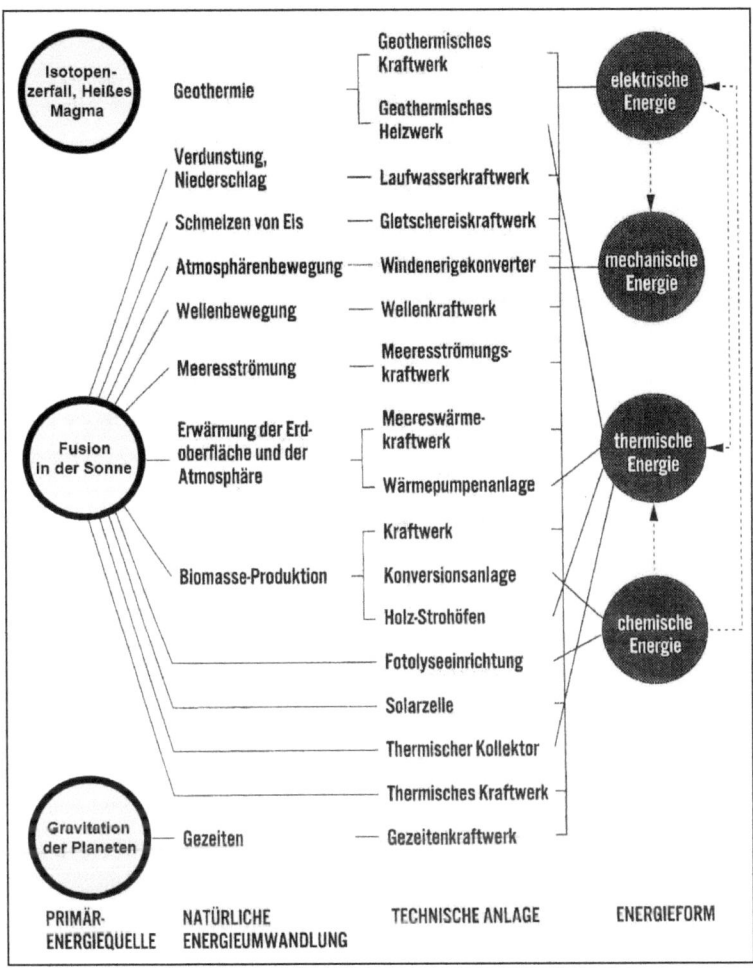

Abb. 1: Erneuerbare Energien: Ihre physikalische Herkunft sowie ihre Umwandlungs- und Nutzungsmöglichkeiten (nach Wagner, 2008, S. 50)

Aus dem Schema ist zu erkennen, dass die meiste Energie den Kernfusionen in der Sonne entspringt. Anlagen zur Nutzung der Solarstrahlung gebrauchen diese direkte Sonnenenergie, während die anderen Quellen die Energie erst umwandeln und so indirekt nutzen.

Die Gezeitenkräfte sowie Wärme aus dem Erdinneren (Geothermie) sind weitgehend unabhängig von der Sonnenenergie. Sie werden deshalb im Schema gesondert aufgeführt, sind aber trotzdem anthropogen nutzbar.

3 Möglichkeiten der alternativen Energiegewinnung an der Küste

Nachdem im Punkt 2 die alternative Energiegewinnung im Allgemeinen vorgestellt worden ist, geht es im Punkt 3 darum, welche der beschriebenen Energiequellen an der Küste nutzbar gemacht werden können und wie groß das Potential an den deutschen Küsten (Nord- und Ostsee) ist.

Alternative Energiegewinnung an der Küste umfasst viele, aber nicht alle regenerativen Energiequellen. Am offensichtlichsten ist natürlich die Energie aus der Kraft des Wassers selber. Wellenkraftwerke nutzen die kinetische Energie der Meereswellen aus, Gezeitenkraftwerke den Tidenhub und Strömungskraftwerke die vorhandenen Meeresströmungen. Grundlage der Meereswärmekraftwerke ist die thermische Energie des Meeres und der Konzentrationsunterschied des Salzgehaltes zwischen Süß- und Salzwasser die Voraussetzung für Osmosekraftwerke.

Neben dem Meerwasser selber kann auch der über den Meeresflächen überdurchschnittlich stark wehende Wind zur Energiegewinnung genutzt werden. Hier kommen Offshore-Windparks zum Einsatz, die in Punkt 3.1.1 näher beschrieben werden.

Schließlich liefert das Meer auch marine Biomasse u.a. in Form von Seegras, Mikro- und Makroalgen, die zur Stromerzeugung genutzt oder zur Gewinnung von Biotreibstoff eingesetzt werden können.

Nicht Teil der folgenden Betrachtung sein wird die Energiegewinnung aus Laufwasser, Gletschereis und Solarstrahlung, da sie bei der Energiegewinnung an den deutschen Küsten keine nennenswerte Rolle spielen.

3.1 Wind

Die Energie, die man an einem festen Standort aus dem Wind gewinnen kann wird maßgeblich von der Windgeschwindigkeit bedingt. Der Grund dafür ist die kinetische Energie des Windes, welche von der dritten Potenz der Windgeschwindigkeit abhängt (Wagner, 2008, S. 235). Demnach sind Flächen mit hohen und gleichmäßigen Windgeschwindigkeiten am besten geeignet für den Einsatz von Windenergieanlagen. Aus Abbildung 2 wird ersichtlich, dass die höchsten durchschnittlichen Windgeschwindigkeiten in Deutschland in den Mittelgebirgen und vor allem an der Küste erreicht werden.

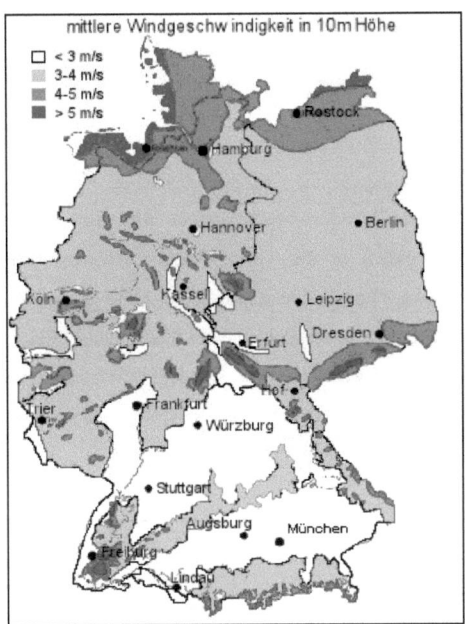

mittlere Windgeschwindigkeit in 10m Höhe

☐ < 3 m/s
  3-4 m/s
■ 4-5 m/s
■ > 5 m/s

Abb. 2: Windkarte von Deutschland (nach Universität München, 2010)

Der Grund für die hohen Windgeschwindigkeiten an und auf dem Meer ist die geringe Rauhigkeit der Oberfläche, die gegenüber Landflächen niedriger ist und dadurch die Luftteilchen wesentlich weniger stark bremst. Die besten Küstenstandorte Deutschlands liegen im Bereich der gesamten Nordseeküste und dem östlichen Teil der Ostsee. Hohen Anreiz bieten Standorte weit entfernt vom Festland, denn neben „einem Mehrertrag von 40 bis 50% gegenüber guten Küstenstandorten stehen auch größere Flächen als an Land zur Verfügung." (Kühn & Klaus, 2009) Zudem kommt auch noch die Tatsache, dass günstige Flächen auf dem Land schon zu großen Teilen abgedeckt sind oder die Errichtung von Anlagen aus optischen Gründen (z.B. in Tourismusregionen) nicht mehr in Frage kommt (Wagner, 2008, S. 241).

Um diese Quellen nutzbar zu machen entwickelte man neben den konventionellen Onshore-Windparks sogenannte Offshore-Windparks, also Windenergieanlagen die im Meer zum Teil weit draußen vor der Küste auf festen Plattformen stationiert sind.

3.1.1 Offshore-Windparks

<u>Beschreibung</u>

Windenergieanlagen, die Offshore betrieben werden, unterscheiden sich prinzipiell nicht sehr gravierend von den Anlagen auf dem Land. Sie bestehen aus einem hohen Turm und einem in der Turmspitze installierten Rotor mit einem oder mehreren Flügelblättern. Entscheidend für eine hohe Leistung sind dabei die Länge der Flügelblätter und die von den Blättern überstrichene Fläche. (Pelte, 2010, S. 184) Natürlich kann man die Onshore-Windanlagen trotz der gleichen prinzipiellen Bauweise nicht eins-zu-eins mit denen Offshore gleichsetzen. Es müssen einige Aspekte beachtet und in die Planung mit eingearbeitet werden.

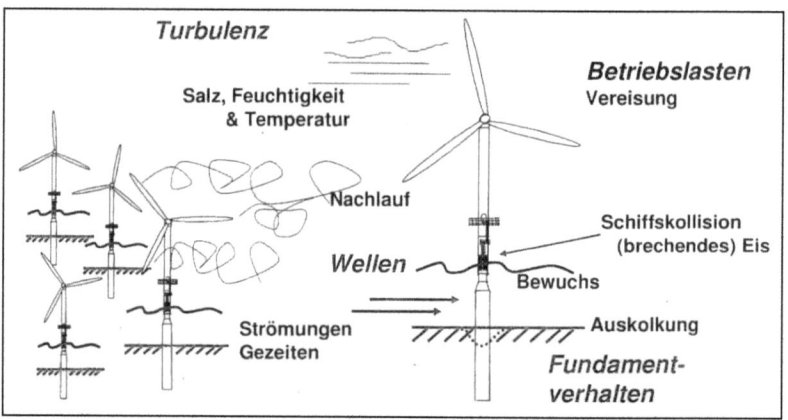

Abb. 3: Umwelteinflüsse auf einen Offshore-Windpark (aus Gasch & Twele, 2010, S. 546)

Neben der Standortwahl sind vor allem die Umweltbedingungen auf dem Meer ein großes Problem bei der Installierung und beim Dauerbetrieb der Anlagen. Abbildung 3 zeigt die wichtigsten Umwelteinflüsse, die zu beachten sind. Die Konzipierung des Fundamentes der Anlage muss zum Beispiel die permanent einwirkende Kraft der Gezeiten, Strömungen und Wellen beachten. Auch müssen die einzelnen Bauteile einen entsprechenden Korrosionsschutz besitzen, um Salz, Feuchtigkeit und schwankenden Temperaturen standzuhalten. (Gasch & Twele, 2010, S. 545 f.)

Weitere Schwierigkeiten ergeben sich bei Betrieb und Instandhaltung der Anlagen. Wartungsarbeiten sind wesentlich aufwändiger und kostenintensiver als bei Onshore Anlagen. Gerade bei rauhem Seegang können die Servicemannschaften Probleme bekommen die Windparks zu erreichen. (Janzing, 2008, S. 216) Um den gewonnenen Strom zu den Empfängern zu schicken benötigen die Windparks eine Netzanbindung. Auch hierbei ergeben sich wesentlich größere Probleme als bei den Landanlagen. Weite Entfernungen können ohne Schwierigkeiten mittels geeigneter Stromkabel überwunden werden. Das Thema der schwankenden Leistung aufgrund von unterschiedlichen Windgeschwindigkeiten ist weitaus gravierender. Doch durch „Zu- und Abschalten von unterschiedlich schnell regelbaren Kraftwerken und die kurzzeitige Pufferung über die Rotationsenergie der Generatoren und Turbinen erreicht man ein Gleichgewicht." (Kühn & Klaus, 2009, S. 187) Eine weitere Möglichkeit dieses Problem zu lösen könnten Energiespeicher, wie beispielsweise Pumpspeicherkraftwerke sein.

Trotz dieser vielen Schwierigkeit bei Errichtung und Betrieb der Anlagen und damit verbundener, teils immenser Investitionskosten bieten Offshore-Projekte durch deutlich bessere Windbedingungen eine interessante Alternative zu Onshore-Anlagen (Gasch & Twele, 2010, S. 563).

<u>Gegenwärtige Nutzung und Potential an deutschen Küsten</u>

In diesem Abschnitt soll die gegenwärtige Nutzung von Offshore-Windanlagen in Nord- und Ostsee dargestellt werden. Die Angaben dazu, sowie die beiden Kartendarstellungen (siehe Anlage) stammen von der Deutsche Energie-Agentur (dena). Deutschland ist zwar bei den Onshore-Windanlagen weltweit federführend (vgl. Wagner 2008, S.239), steht aber Offshore noch hinter Schweden, Dänemark und Norwegen zurück.

In der Nordsee ist gegenwärtig nur das Testfeld Alpha Ventus vor der Insel Borkum als Offshore- und noch zwei weitere Nearshore-Anlagen (in unmittelbarer Küstennähe) in Betrieb. 23 weitere Anlagen sind dort bereits genehmigt und können in den nächsten Jahren errichtet werden. 46 Near- und Offshore-Parks sind noch im Genehmigungsverfahren. Hier wird noch entschieden ob sie realisiert werden oder aus verschiedenen Gründen (z.B. Naturschutz) nicht genehmigt werden.

In der Ostsee ist nur eine Nearshore-Anlage online. Fünf Near- und Offshore-Parks sind bereits genehmigt und acht weitere warten noch auf die rechtliche Zusage.

Das Potential dieser Energiequelle für Deutschland ist beträchtlich. Allein durch Offshore könnten einigen Prognosen zufolge 5000 Megawatt bis 2015 erzeugt werden und bis 2030 sogar 25000 Megawatt. Das entspricht in etwa der Hälfte der Leistung, die alle Kernkraftwerke zusammen derzeit liefern. (Janzing, 2008, S. 216 f.)

3.2 Wasser

Die Energie aus der Kraft und den physikalischen Eigenschaftendes Wassers kann vom Menschen vielfältiger genutzt werden, als die des Windes. In den Punkten 3.2.1 bis 3.2.5 werden die verschiedenen Möglichkeiten kurz beschrieben und danach auf ihre derzeitige Nutzung und ihr Potential für Deutschland hin untersucht.

3.2.1 Wellenkraftwerk

Beschreibung

„Wellenkraftwerke nutzen die Auf- und Abbewegung der Meeresoberfläche zur Energieerzeugung." (Watter, 2009, S. 87) Es gibt verschiedene Ideen zu Anlagen, die diese Art Wasserbewegung ausnutzen. Dabei scheinen die in Abbildung 4 dargestellten Überflutungskraftwerke und OWC-Kraftwerke am erfolgversprechendsten zu sein. Überflutungskraftwerke nutzen die Lageenergie des Wassers aus, welches mit den Wellen in ein erhöhtes Reservoir gespült wird. Das Wasser läuft dann durch eine Turbine wieder ab und erzeugt dabei Strom. (BMU, 2009, S. 126)

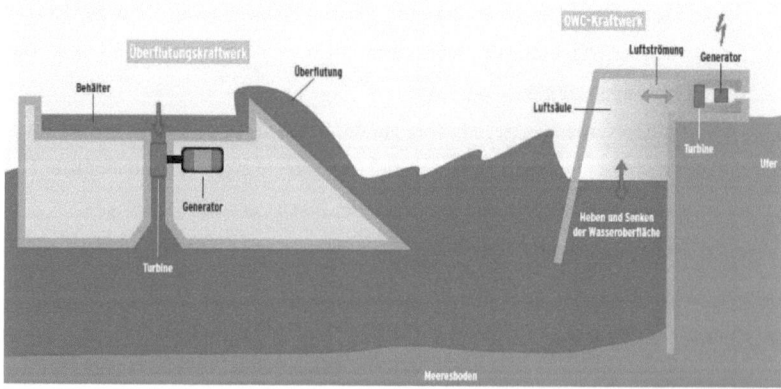

Abb. 4: Überflutungs- und OWC-Kraftwerke (aus BMU, 2009, S. 126)

Die OWC-Kraftwerke bestehen aus einem teilweise getauchten Hohlkörper, bei der die Hebebewegung des Wassers (OWC:»oscillating water column« auf Deutsch: schwingende Wassersäule) zu einem abwechselnden Zusammenpressen und Entspannen der Luft führt und damit zu einer sich hin und her bewegenden Luftströmung. Diese wird mit Hilfe von speziellen Turbinen, so genannten Wells-Turbinen, zur Stromerzeugung genutzt. Vorteil dieser Technologie ist die Vermeidung des Einsatzes von Turbinen, die vom Meerwasser nach und nach angegriffen und beschädigt werden können. (Janzing, 2008, S. 243)

Die Energieumwandlung der Wellenkraftwerke hängt von Frequenz und vor allem von der Wellenhöhe ab. Es lohnen sich nur Standorte, an denen Wellen über einen längeren Zeitraum mittlere Höhen von 5m und mehr erreichen. Der Wirkungsgrad liegt etwa bei 0,2 und ist damit niedriger als bei den Windkraftanlagen. (Pelte, 2010, S. 197 f.)

Gegenwärtige Nutzung und Potential an deutschen Küsten

Gegenwärtig besitzt Deutschland kein einziges betriebsfähiges Wellenkraftwerk. Obwohl es schon einige Planungen zu Anlagen in der Nordsee gibt (vgl. Janzing, 2008, S. 243), wird es aufgrund hoher Investitionskosten und noch zu lösender, technischer Probleme noch dauern, bevor die Wellen einen Anteil zur Energiegewinnung in Deutschland liefern. Und selbst dann werden Wellenkraftwerke bis zur Mitte des 21. Jahrhunderts nur einen vernachlässigbaren Beitrag leisten. (Pelte, 2010, S. 198)

3.2.2 Meeresströmungskraftwerk

Beschreibung

Die Energie für Meeresströmungskraftwerke liefern die Wasserbewegungen des Meeres. Verschiedene Ursachen (Temperaturunterschiede, Verdunstung,...) sorgen unter der Wasseroberfläche für Strömungen, die in etwa genauso genutzt werden können, wie die Luftströmungen über Wasser. Auch der prinzipielle Aufbau unterscheidet sich nur wenig. Die etwa 10m großen Rotorblätter bewegen sich unterhalb der Wasseroberfläche und die Drehbewegung der Rotoren wird in elektrischen Strom umgewandelt. Befestigt sind diese Rotoren an einem Turm, der in einem Bohrloch mehrere Meter tief im Meeresboden verankert ist. (Janzing, 2008, S. 241) Zu beachten

11

ist dabei, dass ein Rotorblatt derselben Größe im Wind eine wesentlich geringere Leistung erzielt, als ein Blatt im Meer, da die Dichte des Mediums Wasser deutlich höher ist. In Abbildung 5 ist ein Prototyp eines solchen Meeresströmungskraftwerkes zu sehen, der in Großbritannien aufgestellt wurde.

Abb. 5: Darstellung des Meeresströmungskraftwerkes Seagen (Marine Current Turbines, 2008)

Gegenwärtige Nutzung und Potential an deutschen Küsten

Deutschland besitzt kein Meeresströmungswerk und auch keinen Prototypen eines solchen. Grund dafür ist das geringe Potential, dass in Nord- und Ostsee für diese Arten von Kraftwerken steckt. Beide Meere verfügen nur über geringe Bewegungen der Wassermassen. Als möglicher Standort gilt nur die Südspitze der Insel Sylt. Hier könnte ein geeignetes Kraftwerk theoretisch etwa 150 Millionen Kilowattstunden elektrische Energie erzeugen. (Lübbert, 2005, S. 13)

3.2.3 Gezeitenkraftwerk

<u>Beschreibung</u>

Gezeitenkraftwerke nutzen den Tidenhub, das heißt die je zweimal täglich vorkommende Ebbe bzw. Flut zur Energiegewinnung. Zurückzuführen ist der Tidenhub vorwiegend auf die Gravitationswirkung des Mondes und der Sonne sowie auf die Erdrotation. (Khammas, 2007, Teil C) Ihre Funktionsweise ist mit der der Meeresströmungswerke und Laufwasserkraftwerke vergleichbar. Großer Vorteil dieser Technik ist die genaue Vorhersehbarkeit durch das Wissen um die zeitliche Abfolge von Ebbe und Flut. Ein Nachteil besteht dafür allerdings in den starken Leistungsschwankungen, die über den Tag verteilt auftreten.

Um die Energieausbeute zu maximieren, werden Gezeitenkraftwerke in der Regel in Verbindung mit Staudämmen an Meeresbuchten der Flussmündungen realisiert, da hier der Tidenhub besonders hoch ist. (Watter, 2009, S. 86)

<u>Gegenwärtige Nutzung und Potential an deutschen Küsten</u>

Deutschland ist weitgehend ungeeignet für den Einsatz von Gezeitenkraftwerken. Es besitzt zwar „eine Meerenge am Jadebusen von Wilhelmshaven, es gibt aber keine Planungen dort ein Meereskraftwerk zu errichten " (Pelte, 2010, S. 203) Das Potential ist somit auch nur verschwindend gering und deshalb werden Gezeitenkraftwerke in der zukünftigen Energieversorgung keine Rolle spielen.

3.2.4 Meereswärmekraftwerk

<u>Beschreibung</u>

Die Technologie der Meereswärmekraftwerke nutzt den Temperaturgradienten zwischen verschiedenen Meerestiefen aus. Voraussetzung ist, dass zwischen den Oberflächennahen Wasserschichten bis etwa 50m und einer Tiefe von 800-1000m ein Temperaturunterschied von mindestens 20°C vorliegen muss. Wenn diese Bedingungen erfüllt sind, können so genannte Wärmekraftmaschinen bestimmte, flüssige Arbeitsmedien durch Kontakt mit warmem Wasser zur Verdampfung bringen. Dabei dehnen sich die Stoffe aus und leisten mechanische Arbeit, die über einen Generator zur

Stromerzeugung genutzt werden kann. Der Kreislauf schließt sich, indem das kalte Wasser die Arbeitsmedien wieder verflüssigen. Geeignet dafür sind zum Beispiel Ammoniak oder organische Flüssigkeiten, die schon bei niedrigen Temperaturen verdampfen. (Lübbert, 2005, S. 14) Der Wirkungsgrad solcher Wärmekraftmaschinen wird liegt nur bei etwa 3%, so dass entsprechend große Durchflussmengen notwendig sind, um wirtschaftlich arbeiten zu können. (Vgl. Synwoldt, 2008, S. 60)

Gegenwärtige Nutzung und Potential an deutschen Küsten

Meereswärmekraftwerke sind keine Option an den deutschen Küsten. Man findet hier weder die geeigneten Temperaturunterschiede, noch die entsprechenden Wassertiefen.

3.2.5 Osmosekraftwerk

Beschreibung

Die Energiegewinnung durch Osmose beruht auf dem Salinitätsgradient, das heißt auf dem Unterschied im Salzgehalt von Wasser.
Wird Süßwasser mit Salzwasser über eine halbdurchlässige Membran in Kontakt gebracht, strömt Wasser von der Süßwasserseite auf die Salzwasserseite, um den Konzentrationsunterschied an Salz auszugleichen (siehe Abbildung 6).

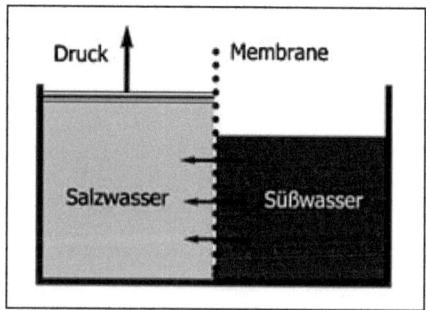

Abb. 6: Prinzip der Energiegewinnung durch Osmose (aus Khammas, 2007, Teil C)

Dadurch wird ein Druckunterschied aufgebaut. Diese Druckdifferenz kann man beispielsweise mittels Turbinen nutzen um Strom zu erzeugen. Damit ist ein solches

14

Osmose-Kraftwerk gewissermaßen die Umkehrung einer Meerwasser-Entsalzung, bei der Energie aufgewendet wird, um Salz- und Süßwasser voneinander zu trennen. (BMU, 2009, S. 129)

Die Technologie wird bisher wenig genutzt. Es existieren zwar schon einige Prototypen, doch diese arbeiten noch lange nicht wirtschaftlich und werden deswegen auch noch nicht kommerziell eingesetzt. (Watter, 2009, S. 95)

Gegenwärtige Nutzung und Potential an deutschen Küsten

Auf deutschem Boden gestaltet sich die Errichtung wirtschaftlich arbeitender Osmosekraftwerke schwierig. Es wäre zwar prinzipiell möglich diese Technologie anzuwenden, aber aufgrund vom geringen Salzgehalt von Nordsee (2%) und Ostsee (1%) kann sich nur ein geringer osmotischer Druck aufbauen. Zudem fehlen die Mündungen großer Flüsse, die die entsprechenden Süßwassermengen liefern könnten. (Synwoldt, 2008, S. 62 f.) Das Potential an deutschen Küsten ist deswegen als sehr gering einzuschätzen.

3.3 Marine Biomasse

Beschreibung

Der Rohstoff Biomasse kann zur Gewinnung von Bioenergie eingesetzt werden. Biomasse ist gespeicherte Sonnenenergie in Form von Energiepflanzen, Holz oder Reststoffen wie z.B. Stroh, Biomüll oder Gülle. Sie kann dabei fest, flüssig oder gasförmig sein und dient neben der Stromgewinnung auch der Erzeugung von Wärme und als Biokraftstoff. (Khammas, 2007, Teil C)

Neben der oben beschriebenen, terrestrischen Biomasse kann auch marine Biomasse zur Energiegewinnung herangezogen werden. Abbildung 7 zeigt eine Übersicht zu den Nutzungsoptionen für marine Biomasse. Dargestellt sind hier die verschiedenen Gruppen von Meeresorgansimen, die in bestimmten Umwandlungsprozessen Produkte erzeugen, die der Mensch energetisch nutzen könnte. Im Folgenden werden die einzelnen Umwandlungsprozesse kurz erläutert und danach auf ihr Potential hin untersucht.

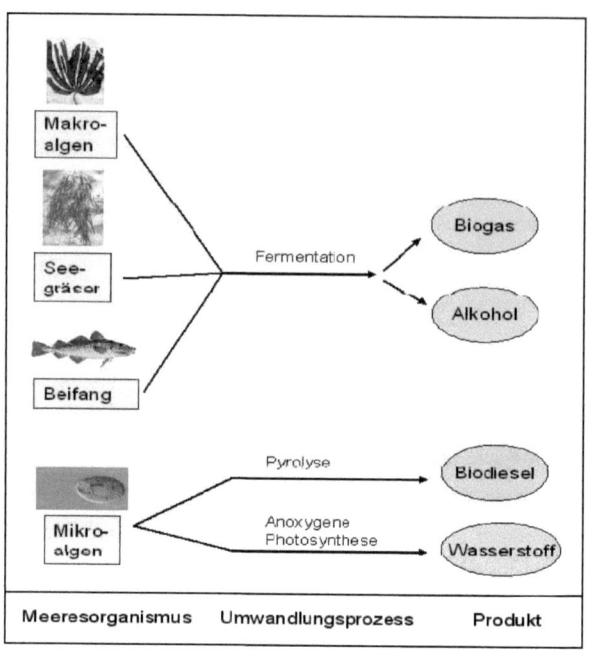

Makro-
algen

See-
gräser

Beifang

Mikro-
algen

Fermentation → Biogas

→ Alkohol

Pyrolyse → Biodiesel

Anoxygene
Photosynthese → Wasserstoff

Meeresorganismus   Umwandlungsprozess   Produkt

Abb. 7: Übersicht zu den Nutzungsoptionen mariner Biomasse (nach Umweltbundesamt, 2009)

»Fermentation« ist die Umsetzung von biologischen Materialien in Bioreaktionen. In der Biotechnologie ist es möglich mittels Fermentation unter hohen Temperaturen und Luftabschluss Biomasse in Biogase umzuwandeln, um diese zur Strom- und Wärmeerzeugung zu nutzen. (BMU, 2009, S. 100 ff.)

Marine Biomasse kann in ähnlicher Weise zur Erzeugung von nutzbarer Energie herangezogen werden, wie Terrestrische. Seegräser und Makroalgen überschreiten dabei die Produktivität vieler Landpflanzen um ein Vielfaches und sind daher hervorragend zur Gewinnung von Biogas (vor allem Methan) und Alkohol geeignet. Bei der Fermentation dieser feuchten Materialien kann auf eine Trocknung verzichtet werden, da der Prozess sowieso grundsätzlich feucht geführt wird. Genutzt werden soll dabei aus ökologischer Sicht weniger die natürlichen Makroalgenbestände und Seegraswiesen, als vielmehr Strandanspülungen und Kultivierung „im Meer (Befestigung an Gestellen, Kulturleinen oder Netzen) oder an Land (in Wasserbecken, Teichen, Gewächshausanlagen oder Photobioreaktoren)" (Umweltbundesamt, 2009). Theoretisch ist auch die Nutzung vom Beifang kommerzieller Fischkutter möglich. Die Praktische Umsetzung gestaltet sich hier aber als schwierig (Vgl. Umweltbundesamt, 2009).

Marine Mikroalgen können zum Einen mit Hilfe von Pyrolyse Biodiesel erzeugen und zum Anderen lässt sich durch sie mittels Anoxygener Photosynthese Wasserstoff gewinnen. Pyrolyse ist eine thermo-chemische Spaltung unter Ausschluss von Sauerstoff. Sie nutzt den natürlichen Ölgehalt der Mikroalgen aus, um verschiedene Bio-Öle zu gewinnen. Aus diesen Bio-Ölen kann man dann mittels Veresterung Biokraftstoff, genauer gesagt Bio-Diesel erzeugen. Das Verfahren ist sehr komplex und bisher noch wenig ausgereift. Auch die Technik der Wasserstoffgewinnung aus einzelligen Grünalgen befindet sich noch im Entwicklungsstadium. Unter anaeroben Bedingungen erzeugen die Mikroorganismen dabei auf natürliche Weise gasförmigen Wasserstoff während der Photosynthese. Bisherige Modellversuche sind aber noch wenig effizient. (Umweltbundesamt, 2010).

Gegenwärtige Nutzung und Potential an deutschen Küsten

„Generell lässt sich feststellen, dass die energetische Nutzung mariner Biomasse in den Kinderschuhen steckt und es derzeit keine marktreifen und wirtschaftlichen Verfahren gibt." (Umweltbundesamt, 2009) Bisherige Grundlagenforschung zeigt, dass vor allem die aufwändige Erzeugung und der geringe Wirkungsgrad zu Problemen führen könnten. Zudem bieten die deutschen Küsten durch ihre vielfältige Nutzung (u.a. durch Tourismus, Fischerei, Schiffsverkehr usw.) wenig Platz für die Anlage von Biomassekulturen. Aus diesen Gründen ist es fraglich, ob marine Biomasse in naher Zukunft in erheblichem Maße zur Energiegewinnung in Deutschland herangezogen wird.

4 Schlussbemerkungen

Zusammenfassend kann man sagen, dass die alternative Energiegewinnung an Deutschlands Küsten noch in den Kinderschuhen steckt.

Das größte Potential bietet die Energie des Windes an der Küste und auf dem Meer. Mit der Planung von über 70 Near- und Offshore-Windparks an Nord- und Ostsee ist hier schon ein erster Schritt gemacht. Aufgrund der schlechteren Windbedingungen und dem zunehmenden Protest gegen Windkraftanlagen an Land werden sicherlich bald weitere Schritte folgen.

Energiegewinnung aus der Kraft des Meeres selber scheint dagegen keine große Zukunft zu haben. Bisher gibt es nur Planungen zur Errichtung einiger Wellenkraftwerke für Strömungs-, Gezeiten-, Meereswärme- und Osmosekraftwerke dagegen nicht. Hauptgrund für diese Tatsache ist, dass an den deutschen Küsten das Potential für die ökonomische Nutzung dieser Energiequellen zu gering ist. Zudem bedarf es hier noch an einiger Forschungsarbeit, bis solche Kraftwerkstypen überhaupt irgendwann in Betrieb genommen werden können.

Auch die Möglichkeiten aus mariner Biomasse Energie zu gewinnen sind noch lange nicht ausgereift. Große Fortschritte sind hier in der nächsten Zukunft wahrscheinlich nicht zu erwarten. Bis die Wissenschaft in der Lage ist gewinnbringende und zuverlässige Anlagen zu errichten wird wohl noch einige Zeit vergehen. Und selbst dann wird die marine Biomasse wohl nur einen kleinen Anteil an der Energieversorgung in Deutschland haben.

Internetquellen

DENA (Deutsche Energie-Agentur) (2010): *Windpotential Offshore.* >http://www.offshore-wind.de/page/index.php?id=4761< (Stand 2010-11-11) (Zugriff 2010-11-11).

KHAMMAS, A. (2007-2010): *Buch der Synergie. Teil C.* >http://www.buch-der-synergie.de/c_neu_html/inhalt_c.htm< (Stand 2010-07-18) (Zugriff 2010-11-11).

UMWELTBUNDESAMT für Mensch und Umwelt (2009): *Wie grün ist Energie aus mariner Biomasse?!* >http://www.umweltbundesamt.de/wasser/themen/meere/energiegewinnung.htm< (Stand 2009-03-17) (Zugriff 2010-11-14).

UMWELTBUNDESAMT für Mensch und Umwelt (2010): *Mikroalgen – Wie lassen sie sich zur CO2-Fixierung, Biomasse- und Biotreibstoffproduktion oder Wasserstoffproduktion nutzen?* >http://www.umweltbundesamt.de/wasser/themen/meere/mikroalgen.htm#Wasserstoffproduktion< (Stand 2010-08-26) (Zugriff 2010-11-14).

UNIVERSITÄT München (2010): >http://www.renewable-energy-concepts.com/index.php?eID=tx_cms_showpic&file=uploads%2Fpics%2Fmittlere-windgeschwindigkeitdeutschland.gif&width=800m&height=600m&bodyTag=%3Cbody%20style%3D%22margin%3A0%3B%20background%3A%23fff%3B%22%3E&wrap=%3Ca%20href%3D%22javascript%3Aclose%28%29%3B%22%3E%2%20%3C%2Fa%3E&md5=103ff0431993ba82e94fcecdee8b33d0< (Stand: 2010-11-04) (Zugriff: 2010-11-11)

Literaturverzeichnis

BAADE, J., GERTEL, H., & SCHLOTTMANN, A. (2005). *Wissenschaftlich arbeiten. Ein Leitfaden für Studierende Der Geographie.* Bern: Haupt.

BUNDESUMWELTMINISTERIUM. (2009). *Erneuerbare Energien - Innovationen für eine nachhaltige Energiezukunft.* Berlin: Block Design.

GASCH, R., & TWELE, J. (2010). *Windkraftanlagen : Grundlagen, Entwurf, Planung und Betrieb.* Wiesbaden: Vieweg + Teubner Verlag.

GEITMANN, S. (2005). *Erneuerbare Energien und alternative Kraftstoffe : mit neuer Energie in die Zukunft.* Kremmen: Hydrogeit-Verlag.

JANZING, B. (2008). *Sichere Energie im 21. Jahrhundert.* In: Petermann, J. (Hrsg.): Sichere Energie im 21. Jahrhundert. Hamburg: Hoffmann und Campe.

KÜHN, M., & KLAUS, T. (2009). *Windenergie - Technologieentwicklung und aktuelle Trends.* In: Böhmer, T.(Hrsg.): Erneuerbare Energien : Perspektiven für die Stromerzeugung. Frankfurt am Main: EW Medien und Kongresse.

LÜBBERT, D. (2005). *Das Meer als Energiequelle.* Berlin: Wissenschaftliche Dienste des Deutschen Bundestages.

MÜLLER, K.-H., & GIBER, J. (2010). *Erneuerbare (alternative) Energien : reale Zukunft der Energieversorgung, einschließlich Kernenergie.* Aachen: Shaker Media.

PELTE, D. (2010). *Die Zukunft unserer Energieversorgung : eine Analyse aus mathematisch-naturwissenschaftlicher Sicht.* Wiesbaden: Vieweg & Teubner.

STRAHLER, A. H., & STRAHLER, A. N. (2005). *Physische Geographie.* Stuttgart: Verlag Eugen Ulmer.

SYNWOLDT, C. (2008). *Mehr als Sonne, Wind und Wsser. Energie für ein neue Ära.* Weinheim: WILEY-VCH Verlag.

WAGNER, H.-J. (2008). *Was sind die Energien des 21. Jahrhunderts? : der Wettlauf um die Lagerstätten.* Frankfurt am Main: Fischer-Taschenbuch-Verlag.

WATTER, H. (2009). *Nachhaltige Energiesysteme : Grundlagen, Systemtechnik und Anwendungsbeispiele aus der Praxis.* Wiesbaden: Vieweg + Teubner Verlag.